GW00722655

QUESTIONS RÉPONSES

8/10 ans

Communiquer à l'heure d'Internet

Textes de **Marianne Cramer**

Illustrations de **Buster Bone**
et **Jazzi**

Nathan

SOMMAIRE

Communiquer, à quoi ça sert ?

À échanger des informations avec le monde qui nous entoure. Communiquer est indispensable dans notre vie quotidienne, et nous disposons pour cela d'une multitude de moyens différents.

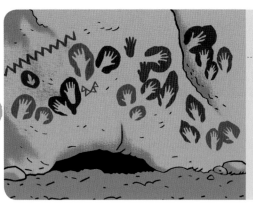

Comment communiquons-nous avec les autres ?

Avant tout en parlant. L'Homme est en effet le seul animal capable d'articuler des sons pour constituer des mots et des phrases. L'écriture et les images comme les dessins ou la peinture sont aussi très utiles pour transmettre des informations, ou bien pour conserver la trace d'une parole.

Notre corps parle-t-il ?

Oui. Il n'est pas toujours nécessaire de parler pour se faire comprendre ! Certains gestes permettent aussi de transmettre des informations à notre entourage : on fait un signe de la main pour saluer un ami, on hoche la tête pour exprimer son accord, on fronce les sourcils lorsqu'on est mécontent... Mais ce langage du corps change parfois en fonction des pays et des cultures.

Sommes-nous objectifs lorsque nous communiquons ?

Pas vraiment ! Lorsque l'on produit un texte, une image ou un son, c'est toujours le reflet de notre propre point de vue... Et celui-ci n'est pas forcément partagé par tout le monde ! De même, quand on reçoit une information d'une autre personne, il faut toujours savoir l'analyser et la relativiser.

Quels sont les supports de l'information ?

Les médias, comme les livres, le cinéma, la télévision, la radio, les journaux et les magazines, ou encore Internet. Tous ces moyens de communication permettent de transmettre rapidement des informations ou des points de vue à de nombreuses personnes aux quatre coins de la planète.

LE SAVAIS-TU ? Pour lire et écrire, les personnes aveugles ou malvoyantes se servent du braille, un système d'écriture utilisant des points en relief inventé en 1829.

LES MOYENS DE COMMUNICATION D'HIER À AUJOURD'HUI

15e siècle
L'IMPRIMERIE

L'Allemand **Johannes Gutenberg** perfectionne l'imprimerie. La production de livres augmente considérablement.

1826
LA PHOTOGRAPHIE

L'inventeur français **Joseph Nicéphore Niépce** prend la toute première photographie de l'histoire. Ce cliché représente une aile de sa propriété en Saône-et-Loire.

1832
LE TÉLÉGRAPHE ÉLECTRIQUE

L'Américain **Samuel Morse** met au point le télégraphe électrique. Les informations sont transmises entre un émetteur et un récepteur par une ligne électrique, grâce à un alphabet codé : le morse.

1876
LE TÉLÉPHONE

Le 10 mars 1876, l'Américain **Alexander Graham Bell** passe le premier coup de fil de l'histoire. L'invention du téléphone connaît un succès rapide et retentissant.

1895
LE CINÉMA

Les frères **Auguste** et **Louis Lumière** déposent le brevet du Cinématographe, et organisent la première projection publique payante à Paris.

1896
LA RADIO

L'Italien **Guglielmo Marconi** dépose le brevet de radioélectricité. Trois ans plus tard, il réalise la première émission de télégraphie sans fil entre la France et l'Angleterre. La radio est née.

1926
LA TÉLÉVISION

L'inventeur écossais **John Logie Baird** présente pour la première fois une image animée en noir et blanc sur un poste de télévision.

1979
LES ORDINATEURS

La société **IBM** commercialise les premiers ordinateurs personnels (PC).

1995
INTERNET

Internet se développe dans le monde entier à une vitesse fulgurante : un nouvel abonné est enregistré chaque seconde !

De quels outils disposons-nous pour communiquer ?

Des tas d'outils différents ! Nous avons pris l'habitude d'être joignables en tout lieu et à tout moment, et de joindre les autres très facilement. Par ailleurs, nos outils de communication ont tendance à devenir polyvalents.

La télévision sert-elle seulement à s'informer ?

Non. Regardée chaque jour par des millions de gens, la télévision est effectivement une importante source d'information. Mais c'est aussi un outil de divertissement grâce aux émissions de variétés, aux films, aux séries... Aujourd'hui, on peut en plus jouer à des jeux sur son téléviseur, et même surfer sur Internet.

Un téléphone sert-il uniquement à téléphoner ?

Plus maintenant ! Le téléphone moderne est multifonctions : il permet de téléphoner, bien sûr, mais aussi d'envoyer des messages sous forme de textes, de faire des photos ou des vidéos, de jouer, d'aller sur Internet... Certains servent même de GPS ou de moyen de paiement à la manière d'une carte bancaire !

Combien de temps faut-il pour recevoir une information du bout du monde ?

Quelques instants à peine ! Aujourd'hui, tout va très vite : l'espace rétrécit, et le temps s'accélère. Les moyens de télécommunication actuels nous permettent en effet de nous transporter virtuellement à la vitesse de la lumière partout dans le monde.

Peut-on communiquer de n'importe quel endroit ?

Oui. Grâce à la miniaturisation des instruments de communication, nous pouvons désormais les emporter partout avec nous. Et par l'intermédiaire des satellites, il est possible de communiquer depuis n'importe où sur Terre : en ville, à la campagne, au milieu de l'océan, ou même en plein désert !

LE SAVAIS-TU ? En moyenne, les Français passent chaque jour près de 3 heures et 30 minutes devant leur télévision.

LES OUTILS DE TÉLÉCOMMUNICATION

Aujourd'hui, de multiples appareils permettent d'être reliés au monde entier sans bouger de chez soi.

Dans la cuisine :

❸ **La radio** permet de s'informer ou d'écouter de la musique tout en vaquant à ses occupations.

Dans le bureau :

❹ **L'ordinateur de bureau** est devenu un outil quasiment indispensable pour travailler ou se divertir. Et s'il est équipé d'une connexion Internet, il permet d'accéder au monde entier en quelques clics !

Dans le salon :

❶ Informations, jeux, séries, débats politiques, documentaires… Grâce à **la télévision**, nous pouvons accéder à des milliers de programmes différents.

❷ Qu'il soit avec ou sans fil, **le téléphone** nous permet de discuter en temps réel avec nos proches aux quatre coins de la planète.

Dans la chambre (ou sur le balcon, ou dans le jardin…) :

❺ Léger et facilement transportable, **l'ordinateur portable** peut être utilisé presque n'importe où.

❻ Téléphoner, envoyer des sms, surfer sur Internet, partager des photos… Aujourd'hui, **le téléphone mobile** est un outil nomade multifonctions !

La numérisation, qu'est-ce que c'est ?

C'est une innovation technique très importante dans le domaine de la communication : elle permet de traduire des données en langage informatique, afin qu'elles puissent être lues et traitées par un ordinateur.

La représentation d'un signal analogique est une courbe.

Qu'est-ce qu'un signal analogique ?

C'est un signal qui reproduit fidèlement une image ou un son. Il peut prendre une infinité de valeurs, sans discontinuité. C'est le cas par exemple d'une onde sonore, qui recrée les modulations d'un son. Un tel signal est enregistré sur un support analogique comme une cassette ou un disque vinyle.

INCROYABLE !

Des millions de livres et de documents ont été numérisés dans le monde. Ils sont disponibles sur Internet.

Quel langage parlent les ordinateurs ?

Le langage numérique. On parle aussi de langage binaire, car ses seuls caractères sont le 0 et le 1. En informatique, ces chiffres s'appellent des « bits », et 8 bits forment 1 « octet ». Pour qu'un ordinateur puisse traiter des données, il faut impérativement les traduire en langage binaire. C'est la numérisation.

0011010011 001010010110

Un signal numérique peut prendre deux valeurs seulement : le 0 ou le 1.

Que peut-on numériser ?

Tout ce que l'on peut voir ou écouter : une photographie, un journal, une carte postale, un disque vinyle, une cassette vidéo, une diapositive... Et même des livres entiers ! Il suffit d'avoir le bon appareil de numérisation, et bien sûr, un ordinateur pour stocker les données !

LE SAVAIS-TU ? La compression des documents numérisés permet de réduire le nombre de bits qui les composent, pour les stocker plus facilement.

LA NUMÉRISATION D'UNE PHOTOGRAPHIE

Voici comment une photographie est numérisée grâce à un scanner.

1 La photographie est balayée par un rayon lumineux, et le scanner découpe l'image en petits points de couleurs.

Chaque point de couleur est ensuite « traduit » en une suite de 0 et de 1 : les bits. Plus le nombre de bits est important pour chaque point, plus les couleurs seront précisément reproduites. **2**

3 L'ensemble de l'image, traduite sous forme de chiffres, est transmis à l'ordinateur.

L'ordinateur lit ces chiffres, et les transforme en points de couleurs pour que la photographie apparaisse à l'écran. On appelle ces points de couleurs des pixels. Plus ils sont nombreux, plus il y aura de détails visibles sur l'image.

 **4**

5 Grâce à des logiciels, la photographie numérisée peut être modifiée : on peut changer les couleurs, ajouter ou enlever des détails, etc.

D'où vient **Internet** ?

Des États-Unis. Conçu pour connecter des ordinateurs entre eux et pour échanger des informations à distance, il s'est développé très rapidement. Aujourd'hui, Internet est un gigantesque réseau qui s'étend dans le monde entier.

Qui a imaginé le réseau Internet ?

Le gouvernement américain. C'est en 1969 que des chercheurs du Département de la Défense des États-Unis ont mis au point l'ancêtre d'Internet. Baptisé Arpanet, ce réseau était beaucoup plus petit que l'Internet actuel : seuls les ordinateurs de quelques universités américaines y étaient connectés.

Pourquoi avait-on besoin d'un réseau reliant différents ordinateurs ?

Pour continuer à communiquer même en cas de guerre. L'armée a donc conçu un système reliant des ordinateurs entre eux par plusieurs chemins différents. De cette manière, si une partie du réseau était détruite, les informations arrivaient quand même à leur destinataire par une autre voie.

INCROYABLE !

En 2008, il y avait 1,45 milliard d'internautes dans le monde, et ce chiffre ne cesse d'augmenter !

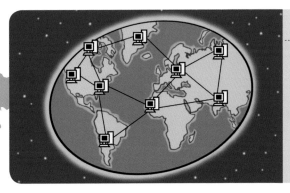

Comment le réseau a-t-il grandi ?

Très vite ! À l'origine réservé aux chercheurs américains, le réseau s'est rapidement élargi aux universités du monde entier dès la fin des années 1970. Puis à partir de 1990, Internet s'est ouvert au grand public et a connu un succès fulgurant.

Internet peut-il encore se développer ?

Oui. Selon les spécialistes, nous n'avons encore rien vu... En fait, il est très difficile d'imaginer les limites d'Internet, parce que pour la première fois, chaque utilisateur peut être à la fois consommateur et émetteur d'informations.

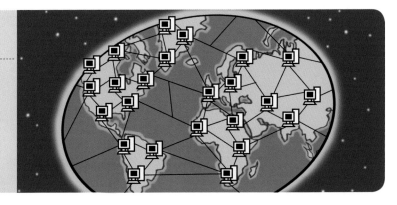

LES DATES CLÉS D'INTERNET

1969
ARPANET

L'ancêtre d'Internet est mis au point par le Département de la Défense des États-Unis.

1971
LE COURRIER ÉLECTRONIQUE

L'ingénieur américain Ray Tomlinson envoie le premier courrier électronique de l'histoire.

1972
LES ADRESSES EMAIL

Le réseau prend de l'ampleur avec la création des premières adresses email, qui permettent d'identifier les personnes connectées.

1991
LE WORLD WIDE WEB

Internet s'impose au grand public grâce à l'apparition du « world wide web » (en français, la « toile d'araignée mondiale »). C'est un sous-réseau à l'intérieur d'Internet, qui facilite la recherche d'informations.

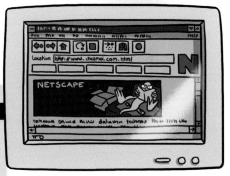

1994
LES NAVIGATEURS

Netscape Navigator, le premier navigateur commercial, est mis au point. Il permet de surfer sur le Web en toute simplicité.

1999
LE WI-FI

L'Internet sans fil fait son apparition. C'est le Wi-Fi, contraction de « Wireless Fidelity ».

2002
DES MILLIONS D'ABONNÉS

Cette année-là, 500 millions d'ordinateurs dans le monde sont connectés à Internet.

Internet, comment ça marche ?

Internet, ce sont des millions d'ordinateurs capables d'échanger des informations ou d'accéder à des données où qu'ils soient sur la planète.

Qu'est-ce qu'un fournisseur d'accès ?

C'est une entreprise. Son métier : fournir l'accès à Internet aux utilisateurs... contre paiement bien sûr. En France, il existe des dizaines de fournisseurs d'accès différents, dont les noms fleurissent sur les pages publicitaires : Orange, Free, Club-Internet, Bouygues Telecom, Numéricable, etc.

Qu'est-ce qu'une « adresse IP » ?

C'est l'adresse d'un ordinateur. Lorsque l'on se connecte à Internet, notre fournisseur d'accès attribue en effet à notre machine un numéro unique, composé de 4 nombres. Il permet d'identifier chaque ordinateur présent sur le réseau, afin qu'il puisse émettre et recevoir des données.

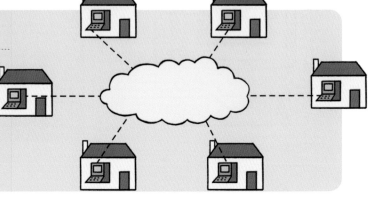

Qu'est-ce qu'un navigateur ?

C'est un logiciel conçu pour consulter des informations sur le Web. Lorsqu'un utilisateur donne l'adresse du site Internet qu'il veut consulter au navigateur, ce dernier l'affiche sur l'écran de l'ordinateur. Aujourd'hui, les principaux navigateurs en France sont Internet Explorer et Mozilla Firefox.

Un moteur de recherche, à quoi ça sert ?

À s'y retrouver ! Il arrive en effet que l'on ne connaisse pas l'adresse du site que l'on veut visiter. On adresse alors des mots clés à un moteur de recherche. Celui-ci va parcourir les millions de pages présentes sur la Toile, puis afficher une liste de liens qui comportent les mots recherchés.

LES RECHERCHES SUR INTERNET

1 L'internaute entre l'adresse d'un site Internet dans le navigateur. S'il ne connaît pas l'adresse exacte du site Internet qu'il veut visiter, il ouvre un moteur de recherche et tape des mots clés.

2 La demande circule jusqu'à un fournisseur d'accès Internet. Celui-ci sait exactement où se trouve le site demandé, et oriente la requête sur la Toile.

4 La requête arrive finalement à une immense bibliothèque, qui peut se trouver n'importe où sur la planète : le serveur.

3 L'information circule sur le réseau, en passant par des nœuds d'interconnexion.

5 Le serveur décode la demande et renvoie à l'internaute les pages qu'il souhaite consulter.

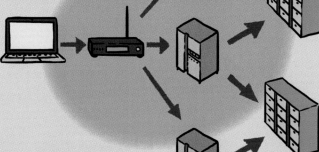

6 Sur l'écran, la page demandée s'affiche dans le navigateur, ou bien la liste des sites contenant les mots clés s'affiche dans le moteur de recherche.

Par quels chemins voyagent les données du monde entier ?

Les autoroutes de l'information ne cessent de s'agrandir et de se diversifier ! Câbles, fibres optiques, liaisons sans fil... Pour véhiculer des informations entre un émetteur et un récepteur, il existe aujourd'hui une multitude de systèmes de transmission.

Quels genres de fils servent à communiquer ?

Des fils de cuivre de quelques millimètres de diamètre entourés d'une gaine isolante. Sons, vidéos, textes... une fois converties en signaux électriques, toutes les informations peuvent voyager à travers ces fils. Grâce à eux, on peut ainsi surfer sur Internet, téléphoner, ou encore regarder la télévision.

Qu'est-ce qu'une fibre optique ?

C'est un fil en verre ou en plastique très fin, qui a la propriété de conduire la lumière. Elle transmet des informations sur de grandes distances, beaucoup plus rapidement que les fils classiques. De plus en plus présente chez les particuliers, elle permet de surfer sur Internet jusqu'à 100 fois plus vite.

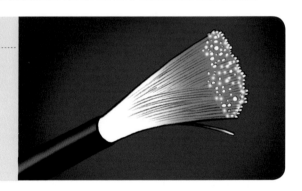

Comment fonctionne la communication sans fil ?

Grâce aux ondes électromagnétiques. En circulant dans l'air, ces ondes permettent de transmettre des signaux d'une antenne émettrice vers une antenne réceptrice. Utilisée depuis longtemps pour la radio, la communication sans fil s'est désormais élargie au téléphone, à Internet et à la télévision.

À quoi servent les satellites de télécommunications ?

À diffuser rapidement des informations d'un bout à l'autre de la planète ! Certains servent à retransmettre des programmes télévisés, d'autres à téléphoner, d'autres encore à naviguer sur Internet depuis des endroits très isolés. Ils sont plus de 200 à circuler au-dessus de nos têtes, à 36 000 kilomètres d'altitude !

LE SAVAIS-TU ? L'ADSL est une technique de communication qui permet d'accéder à Internet haut débit en passant par la ligne téléphonique.

En reliant son ordinateur à **un modem**, lui-même connecté à une prise de téléphone.

DIFFÉRENTES FAÇONS DE SE CONNECTER À INTERNET

Sur son téléphone grâce à **la 3G**. Dans ce cas, l'opérateur téléphonique fait office de fournisseur d'accès.

Par **le Wi-Fi** : les données voyagent sous forme d'ondes entre deux antennes. La première antenne se trouve sur une « box » branchée à la prise de téléphone, et la seconde est camouflée dans l'ordinateur ou le téléphone portable.

On peut relier son ordinateur à son téléphone portable grâce à une liaison **« Blue Tooth »**. En connectant ensuite son téléphone à Internet, on peut surfer avec son ordinateur.

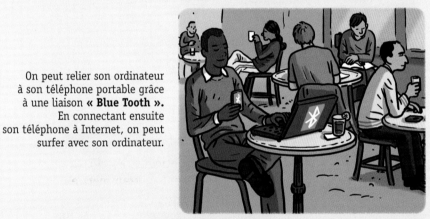

Pour les zones très isolées, il y a le **Wi-Max** : une énorme antenne Wi-Fi qui couvre un rayon de 30 kilomètres.

Dans les zones encore plus isolées, en plein désert par exemple, on peut se connecter à Internet grâce au **satellite**. Mais il faut être équipé d'une parabole portable adaptée.

Les ondes sont-elles partout ?

Oui ! De nombreux phénomènes se propagent sous forme d'ondes : le son, la lumière, la chaleur, les vagues sur l'eau, les séismes... Bref, qu'elles soient naturelles ou fabriquées par l'homme, les ondes sont partout dans notre environnement !

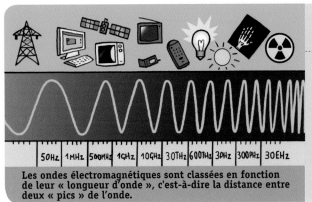

50Hz 1MHz 500MHz 1GHz 10GHz 30THz 600THz 3PHz 300PHz 30EHz

Les ondes électromagnétiques sont classées en fonction de leur « longueur d'onde », c'est-à-dire la distance entre deux « pics » de l'onde.

Qu'est-ce qu'une onde électromagnétique ?

C'est la vibration de particules qui se déplacent à la vitesse de la lumière, soit 300 000 kilomètres par seconde. La lumière du Soleil, par exemple, est une onde électromagnétique. C'est le cas aussi des ondes émises par les appareils électriques : les ondes radio, les micro-ondes, les ondes Wi-Fi, etc.

Les ondes sont-elles dangereuses pour la santé ?

Cela dépend ! Les rayons X utilisés pour les radiographies ou les rayons Gamma émis par les objets radioactifs sont très dangereux. La lumière visible, en revanche, ne l'est pas du tout. Quant aux ondes émises par les appareils électriques ou les antennes relais, leur impact sur la santé est encore mal connu.

Qu'est-ce que l'électrosensibilité ?

C'est une hypersensibilité à certaines ondes électromagnétiques. À proximité d'appareils électriques, les personnes électrosensibles souffrent de différents symptômes comme des maux de tête, de la fatigue, etc. Dans de rares cas, elles sont tellement affectées qu'elles sont obligées de s'isoler et d'arrêter de travailler.

Qu'appelle-t-on le « principe de précaution » ?

C'est un principe qui consiste à prendre des dispositions pour prévenir des risques potentiels. Aujourd'hui, par exemple, les connaissances scientifiques ne permettent pas de connaître les risques réels des ondes Wi-Fi ou des téléphones mobiles. Mais dans le doute, certains recommandent de prendre des précautions pour s'en protéger.

LE SAVAIS-TU ? Plus de 50 000 stations relais sont installées partout en France, pour transmettre les ondes Wi-Fi et celles des téléphones portables.

À la maison, nous sommes en permanence entourés d'ondes électromagnétiques de toutes sortes.

LA MAISON DES ONDES

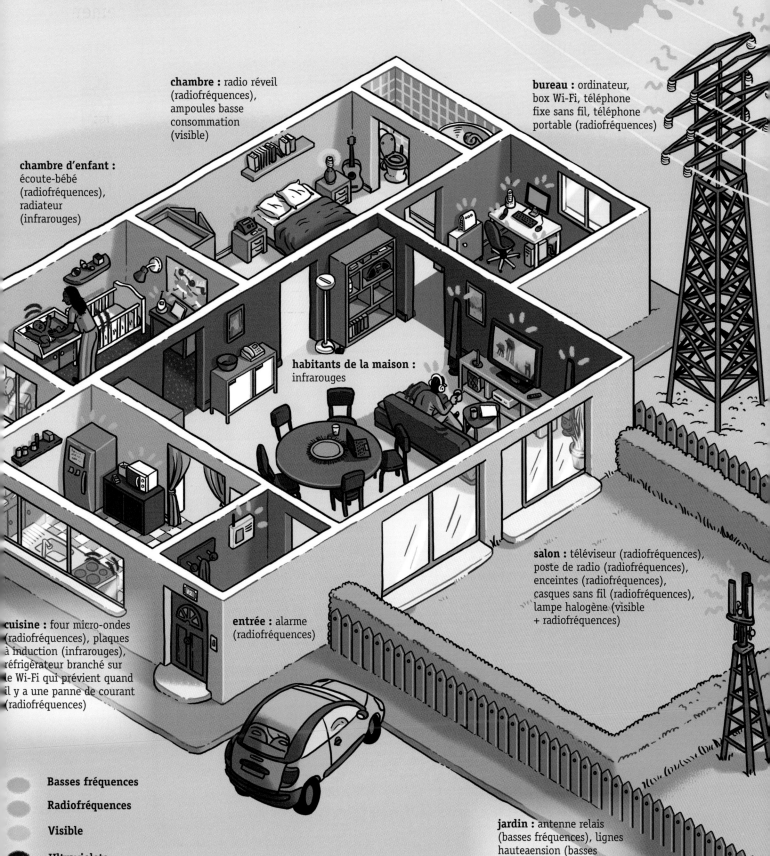

chambre : radio réveil (radiofréquences), ampoules basse consommation (visible)

chambre d'enfant : écoute-bébé (radiofréquences), radiateur (infrarouges)

bureau : ordinateur, box Wi-Fi, téléphone fixe sans fil, téléphone portable (radiofréquences)

habitants de la maison : infrarouges

salon : téléviseur (radiofréquences), poste de radio (radiofréquences), enceintes (radiofréquences), casques sans fil (radiofréquences), lampe halogène (visible + radiofréquences)

cuisine : four micro-ondes (radiofréquences), plaques à induction (infrarouges), réfrigérateur branché sur le Wi-Fi qui prévient quand il y a une panne de courant (radiofréquences)

entrée : alarme (radiofréquences)

Basses fréquences

Radiofréquences

Visible

Ultraviolets

Infrarouges

jardin : antenne relais (basses fréquences), lignes hauteaension (basses fréquences), lumière du Soleil (visible + infrarouges + ultraviolets)

17

Peut-on travailler ou s'amuser **sans se déplacer** ?

Oui ! Grâce aux nouvelles technologies, le monde entier devient accessible en quelques clics. Jouer, travailler, s'informer, se cultiver, discuter... Aujourd'hui, on peut presque tout faire sans bouger de chez soi !

Peut-on travailler dans une entreprise en restant à la maison ?

Oui ! Avec l'essor d'Internet, le travail à distance, que l'on appelle le « télétravail », se développe de plus en plus. Mais bien sûr, certains métiers sont plus faciles à exercer de chez soi que d'autres... Difficile d'être commerçant, mécanicien ou dentiste en restant à la maison !

Comment assister à une réunion sans y être ?

Grâce à la visioconférence. Ce système permet de communiquer avec plusieurs interlocuteurs, même s'ils sont situés à l'autre bout du monde. Il suffit d'installer un logiciel de messagerie instantanée et une webcam sur son ordinateur pour pouvoir échanger des textes, des sons et des images en temps réel.

L'école à la maison, ça existe ?

Oui ! En France, ce n'est pas l'école, mais l'instruction qui est obligatoire. Certains parents choisissent donc d'instruire leurs enfants à la maison. Sur Internet, des organismes d'enseignement à distance proposent des leçons, des exercices, des vidéos... et même des forums privés pour dialoguer avec des enseignants.

Puis-je accéder à n'importe quel document depuis chez moi ?

Presque ! Manuscrits, gravures, photos, livres anciens... Des millions de documents provenant des bibliothèques du monde entier ont été numérisés et sont aujourd'hui accessibles sur la Toile. Certains livres récents peuvent aussi être consultés en ligne, de même que plusieurs millions d'articles scientifiques écrits par des chercheurs.

S'AMUSER DEVANT SON ÉCRAN

Grâce à la **photo numérique**, on peut désormais enregistrer, classer, et même retoucher tous ses clichés sur son ordinateur.

Sur certains sites, vous pouvez écouter de **la musique** en ligne gratuitement. Mais, si vous voulez enregistrer le dernier album de votre groupe préféré ou le graver sur un CD, il faut payer.

Des milliers de **livres** ont été numérisés, et sont désormais accessibles sur la Toile.

Certains **jeux** se pratiquent **en réseau** sur le Net. On peut alors jouer avec toutes les personnes connectées au même moment, quel que soit l'endroit où elles se trouvent.

Des petits programmes permettent de **jouer** sur son écran d'ordinateur. Solitaire, Sudoku, casse-briques, échecs… Il y en a pour tous les goûts !

De nombreux sites spécialisés proposent des **films**, des documentaires ou des séries à louer.

La plupart des **chaînes de télévision** ont leur propre site Internet, sur lequel certaines émissions peuvent être visionnées gratuitement pendant une durée limitée.

Puis-je me faire des amis dans le monde entier ?

Oui ! Désormais, nos amis ne sont plus seulement ceux qui vivent près de nous : ce sont aussi tous ceux avec lesquels nous communiquons par Internet. Grâce au réseau mondial, la planète s'est transformée en un véritable village !

La messagerie instantanée (ou tchat) possède son propre langage (émoticônes, raccourcis d'écriture...).

À quoi sert une messagerie instantanée ?

Comme son nom l'indique, à échanger des messages instantanément ! Il suffit d'installer un logiciel sur son ordinateur pour pouvoir discuter en temps réel avec ses amis connectés au même moment. La plupart des messageries instantanées permettent aussi d'échanger des documents, ou de voir ses correspondants grâce à une webcam.

Qu'est-ce qu'un « blog » ?

C'est un site Internet personnel. Certains internautes y parlent de l'actualité ou des sujets qui les passionnent, publient des photos, des liens vers d'autres sites Web... D'autres y exposent leur vie privée dans ses moindres détails, transformant le blog en journal intime accessible à tout le monde.

Les réseaux sociaux, qu'est-ce que c'est ?

Ce sont des applications Internet qui relient les gens entre eux. Facebook, Twitter, Myspace... Il existe aujourd'hui des dizaines de réseaux sociaux sur la Toile. Certains regroupent d'anciens camarades de classe, d'autres servent à se créer un réseau d'amis, à diffuser des commentaires sur l'actualité, ou encore à trouver un emploi.

Mes amis virtuels sont-ils vraiment des amis ?

Pas si sûr ! En moyenne, un utilisateur de Facebook possède 120 « amis ». Mais si certains sont de véritables amis dans la vie, nombre d'entre eux sont plutôt de simples connaissances, voire des gens que l'on n'a jamais rencontrés en réalité. Le mot « amis » n'est donc pas tout à fait adapté...
Il faudrait plutôt parler de « contacts ».

LE SAVAIS-TU ? Facebook est le plus vaste réseau social du monde : il rassemble plus de 400 millions de membres sur la planète !

Sur Internet, il existe des univers virtuels dans lesquels les utilisateurs mènent une véritable deuxième vie. Visite guidée du petit monde imaginaire de Chloé.

UNE VIE IMAGINAIRE

CHLOÉ SE CONNECTE À SON MONDE VIRTUEL, ET SON AVATAR APPARAÎT. C'EST SON DOUBLE DANS CET UNIVERS, ET IL PEUT CHANGER D'APPARENCE EN FONCTION DE SES ENVIES.

CHLOÉ VISITE SA VILLE IMAGINAIRE EN TROIS DIMENSIONS. RUES, BANQUES, COMMERCES, CINÉMAS, MAISONS, PANNEAUX PUBLICITAIRES... TOUT EST LÀ !

CHLOÉ PASSE DEVANT LE BUREAU D'UN PARTI POLITIQUE. MÊME EUX SE SONT INSTALLÉS ICI POUR MENER DES CAMPAGNES ÉLECTORALES !

CHLOÉ ENTRE DANS UN MAGASIN DE VÊTEMENTS. ELLE S'ACHÈTE UNE NOUVELLE ROBE AVEC DE LA MONNAIE VIRTUELLE... QU'ELLE A PAYÉE AVEC DE L'ARGENT RÉEL !

AU DÉTOUR D'UN CHEMIN, ELLE CROISE PATRICK, L'UN DE SES AMIS. ELLE CLIQUE SUR SON AVATAR ET DISCUTE EN DIRECT AVEC LUI.

ENSEMBLE, PATRICK ET CHLOÉ DÉCIDENT DE SE RENDRE À UN CONCERT, OÙ UN VÉRITABLE GROUPE JOUE EN DIRECT DEPUIS L'AUTRE BOUT DE LA PLANÈTE. UNE FÊTE RÉELLE DANS LE MONDE VIRTUEL !

LA MAMAN DE CHLOÉ L'APPELLE : C'EST L'HEURE DE DÎNER. CHLOÉ SE DÉCONNECTE DE SON MONDE IMAGINAIRE ET RETOURNE DANS LA VRAIE VIE.

Faut-il croire
tout ce que l'on nous dit ?

Non. Avec les nouvelles technologies, le monde est un vaste espace de communication où tout circule... Le vrai comme le faux ! Il faut donc se méfier de ce que l'on lit, voit ou entend, en particulier sur Internet.

À la télévision et à la radio, les informations sont-elles fiables ?

En principe oui. Avant d'être publiée dans un journal ou annoncée à la télévision, une information est d'abord transmise à des journalistes. Leur mission : enquêter, vérifier, compléter l'information avant de la diffuser.

Qui peut fournir des informations sur Internet ?

Tout le monde ! Il suffit de posséder un ordinateur relié au réseau pour mettre une information en ligne. Grâce à la multiplication des téléphones portables qui prennent des photos ou des vidéos, certains événements sont d'ailleurs couverts par des amateurs avant de l'être par les médias.

Comment savoir si une information est vraie ou non ?

En étant vigilant ! Il ne faut pas se fier à n'importe quoi ou n'importe qui. Pour s'assurer de l'exactitude d'une information, il faut multiplier les sources, et consulter des sites Internet fiables : les journaux en ligne, les sites des organismes de recherche, etc.

Ai-je le droit de copier toutes les informations que je trouve sur le Net ?

Non. Beaucoup de choses peuvent être téléchargées gratuitement sur Internet. Mais c'est souvent illégal, car les œuvres appartiennent à leurs auteurs. Il est donc interdit de les récupérer sans leur accord. Il existe en revanche de nombreux sites légaux, sur lesquels on peut télécharger des photos, des films ou des musiques contre paiement.

LES SOURCES D'INFORMATION

❶ À la radio, les flashs d'information, les interviews, les reportages, permettent de se tenir au courant de l'actualité.

❷ Le journal télévisé offre un résumé en images des principaux événements de la journée.

❸ La presse écrite donne généralement accès à des informations approfondies, avec des analyses.

❹ Les grands journaux ont presque tous leur site Internet d'information, dont les actualités changent tout au long de la journée.

❺ Certains journaux sont édités uniquement sur Internet. On appelle ça des « pure players ».

❻ De nombreux organismes et laboratoires de recherche possèdent leur site Internet. On peut y trouver de nombreuses explications sur leurs projets et leurs dernières découvertes.

❼ Twitter est une plate-forme d'échange qui permet à chaque inscrit d'envoyer de courts messages. Mais il ne faut pas toujours croire ce que l'on y lit !

❽ Les blogs fournissent parfois des nouvelles intéressantes. Mais ils ne sont pas toujours très fiables, donc mieux vaut multiplier ses sources d'information !

Tout le monde a-t-il accès aux nouveaux moyens de communication ?

Malheureusement non. Sur les 6 milliards d'habitants de la planète, seule une minorité de privilégiés possède un ordinateur, un accès à Internet et un téléphone mobile. Pour tous les autres, ces technologies sont souvent inaccessibles...

Qu'est-ce que la fracture numérique ?

C'est l'inégalité d'accès aux nouvelles technologies comme le téléphone mobile, l'ordinateur ou Internet. Cette fracture numérique est notamment causée par le coût élevé de l'accès à ces nouveaux moyens de communication. Ainsi, dans le monde, seules 20 % des personnes peuvent utiliser un ordinateur...

En France, tout le monde a-t-il accès à Internet ?

Non. Sur plus de 60 millions de Français, seuls 35 millions environ ont accès à Internet. Les personnes non diplômées ou à faibles revenus sont moins souvent équipées que les autres. De même, seules 6 % des personnes de plus de 65 ans surfent sur Internet, alors qu'elles représentent 20 % de la population française.

Quelle est la situation dans les pays pauvres ?

Le retard dans l'accès à Internet y est très important. Par exemple, dans les pays les plus pauvres d'Afrique comme le Mozambique ou le Liberia, moins de 1 % des habitants sont connectés au réseau. En cause, bien sûr, la grande pauvreté des populations, l'illettrisme et l'absence d'infrastructures dans de nombreuses régions.

LES NOUVELLES TECHNOLOGIES AU SERVICE DU HANDICAP

Pour les personnes qui ne peuvent pas utiliser de clavier, des logiciels de **reconnaissance vocale** permettent de commander son ordinateur par la voix.

Une personne n'ayant pas la possibilité de se déplacer peut quand même continuer à travailler et à échanger avec ses collègues grâce aux logiciels de **messagerie instantanée**.

Pour assister les handicapés moteurs, des systèmes de **capture du regard** permettent de guider le curseur avec les yeux au lieu de la main.

Grâce à des **claviers en braille**, les aveugles et les malvoyants peuvent écrire des textes, envoyer des mails ou surfer sur Internet.

Les sourds et les malentendants peuvent discuter en langage des signes avec leurs interlocuteurs en utilisant une **webcam**.

Les aveugles et les malvoyants peuvent utiliser des applications spéciales pour écouter le contenu de certains sites Internet. Ils peuvent même louer des « **audio-livres** » sur Internet.

L'information
est-elle la même pour tous ?

Pas tout à fait. Grâce à Internet, on pourrait penser que l'information n'a plus de frontière, qu'il suffit de se mettre devant son ordinateur pour savoir ce qui se passe partout sur la planète. Mais malheureusement, ce n'est pas le cas dans tous les pays...

La presse est-elle libre partout ?

Non. L'accès à l'information est difficile dans certains pays, comme la Chine ou l'Iran. Les gouvernements contrôlent les médias et les utilisent pour faire de la propagande en leur faveur. Être journaliste indépendant est alors presque impossible, et souvent dangereux.

Internet peut-il être censuré ?

Oui. Internet subit une importante censure dans plusieurs pays tels que la Chine, la Tunisie ou l'Arabie Saoudite. Là-bas, les autorités contrôlent les fournisseurs d'accès et interdisent l'accès aux sites qui les critiquent. On reçoit donc un Internet filtré, où les informations disponibles sont fortement limitées.

Peut-on contourner la censure sur Internet ?

Oui, mais ce n'est pas facile. Les internautes peuvent accéder à des sites interdits en utilisant des sites relais, qu'on appelle des proxy. Ils n'attirent pas l'attention des autorités et envoient les informations de manière cryptée pour qu'elles passent inaperçues. Souvent, les adresses de ces sites relais sont fournies par des dissidents vivant à l'étranger.

LE SAVAIS-TU ? Reporters sans frontières est une association internationale, qui agit pour la liberté de la presse dans le monde et lutte contre la censure.

LA LIBERTÉ D'EXPRESSION MENACÉE

2009

CENSURÉS !

Des vagues brutales d'arrestations sont menées dans de nombreux pays contre les journalistes et les net-citoyens qui osent critiquer les autorités.

17 mars 2009, Chine. Le Tibétain Kunga Tseyang est arrêté par les autorités chinoises. Journaliste et écrivain, il a écrit de nombreux articles sur le bouddhisme, la culture et l'art tibétains.

10 avril 2009, Égypte. À deux heures du matin, le blogueur égyptien Ahmed Seif Al-Nasr est arrêté puis emprisonné. Motif : il publiait des articles critiques à l'égard du gouvernement sur son blog intitulé A'al Makshouf (« Juste et clair »).

Mars 2010

LA LUTTE CONTRE LA CYBERCENSURE

Le site « Changement pour l'égalité » (We-change.org) a reçu le prix du Net-Citoyen, qui met à l'honneur ceux qui défendent la liberté d'expression sur Internet. Ce site rassemble des blogueuses et des journalistes iraniennes militant contre les discriminations envers les femmes dans leur pays.

REPORTERS SANS FRONTIERES

12 janvier 2010

OOGLE RENONCE À LA CENSURE

géant d'Internet Google annonce 'il renonce à censurer la version chinoise son moteur de recherche, quitte evoir se retirer du marché.

12 mars 2010

DÉCLARATION DE LA JOURNÉE MONDIALE DE LUTTE CONTRE LA CYBERCENSURE

EN BREF

L'année 2009 en chiffres :

76 journalistes tués

33 journalistes enlevés

573 journalistes arrêtés

151 blogueurs et net-citoyens arrêtés

1 blogueur mort en prison

60 pays touchés par la censure d'Internet

Les ennemis d'Internet

Selon l'association Reporters sans frontières, 12 pays sont « ennemis d'Internet » et de la liberté d'expression sur la Toile : l'Arabie Saoudite, la Birmanie, la Chine, Cuba, l'Égypte, la Corée du Nord, l'Iran, l'Ouzbékistan, la Tunisie, le Turkménistan, la Syrie et le Viêt Nam.

Qu'est-ce que la cyberdélinquance ?

C'est la délinquance sur Internet. Elle est le fait de pirates, qui utilisent la Toile pour commettre des crimes et des délits. Aujourd'hui, la cyberdélinquance affiche de multiples visages, et ne connaît pas de frontière...

Que cherchent les cyberdélinquants ?

Ils n'ont pas tous les mêmes objectifs. Certains pirates abusent de la crédulité des gens pour leur voler de l'argent ou des informations confidentielles. D'autres font cela uniquement pour s'amuser : ils sont attirés par le défi technique, et cherchent à exploiter les failles des systèmes informatiques.

INCROYABLE !

Plus de 6 millions d'ordinateurs dans le monde sont désormais des « zombies », pouvant être contrôlés à distance à l'insu de leurs propriétaires.

Qui peut être attaqué par des pirates ?

Tout le monde. Le simple fait de relier son ordinateur à Internet suffit pour ouvrir une porte d'accès potentielle aux cyberdélinquants. Selon les spécialistes, après seulement 15 minutes de connexion, nous sommes l'objet d'au moins une tentative de piratage informatique.

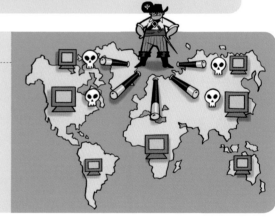

La cyberdélinquance est-elle en augmentation ?

Oui. Le piratage en ligne est en constante augmentation sur toute la planète. En parallèle, la « cyberpolice » se développe elle aussi. Mais malheureusement, les pirates sont souvent difficiles à débusquer car ils se cachent derrière des ordinateurs écrans, ou sont hébergés dans des pays où la loi est moins stricte.

Comment se protéger contre les pirates ?

En prenant des mesures simples : installer un antivirus et un pare-feu et les mettre à jour régulièrement, ne pas ouvrir les mails provenant d'inconnus, ne jamais ouvrir les fichiers douteux, vérifier que l'on est sur un site sécurisé avant de faire un achat en ligne... Bref, en étant vigilant !

LES PIRATES À L'ATTAQUE

Le virus : il se glisse insidieusement dans la pièce jointe d'un courrier électronique. Une fois installé, il infecte d'autres fichiers, et met la panique dans l'ordinateur !

Le cheval de Troie : caché derrière un programme apparemment innocent, il agit comme un espion : grâce à lui, le pirate peut prendre le contrôle de votre machine à distance !

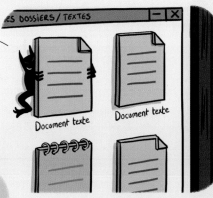

Le hameçonnage : certains pirates se font passer pour votre banque et envoient de faux emails dans lesquels ils demandent vos coordonnées bancaires ou votre numéro de carte de crédit.

Le ver : il se promène sur le réseau et pénètre discrètement dans les ordinateurs connectés. Une fois installé, il fabrique des copies de lui-même puis les envoie sur le réseau pour infecter d'autres machines.

Le scam : certains délinquants n'hésitent pas à extorquer des fonds aux internautes en leur faisant miroiter une somme d'argent.

Le vol de mot de passe : avec un logiciel spécialisé, un mot de passe trop simple peut être trouvé en quelques secondes.

Avec les nouvelles technologies, sommes-nous tous sous surveillance ?

Non, mais cela ne serait pas impossible ! Aujourd'hui, les technologies de pointe ont envahi notre quotidien pour notre confort et notre sécurité, et rassemblent une grande quantité d'informations sur notre vie privée et nos habitudes de consommation.

INCROYABLE !

En moyenne, un citoyen français figure aujourd'hui dans 400 à 600 fichiers !

N'importe qui peut-il écouter nos conversations téléphoniques ?

En principe non. Seule la police a le droit de faire des écoutes téléphoniques dans le cadre de ses enquêtes. Mais en réalité, n'importe quelle personne malintentionnée peut jouer les espions et mettre illégalement un téléphone portable sur écoute. Il suffit d'avoir les moyens d'acheter le matériel nécessaire.

Est-il possible de nous localiser grâce à notre téléphone portable allumé ?

Oui. Tant que notre téléphone est dans une zone couverte par le réseau, il se connecte à des antennes relais. En identifiant ces antennes, il est alors possible de localiser le téléphone... Mais seulement à quelques centaines de mètres près. Un téléphone équipé de la fonction GPS, en revanche, peut être localisé avec une plus grande précision.

Mes connexions sur Internet sont-elles enregistrées ?

Oui. Surfer sur le Net laisse forcément des traces ! La loi française oblige les fournisseurs d'accès à conserver les informations sur tous les sites que vous visitez pendant un an. De quoi reconstituer dans les moindres détails vos déplacements sur la Toile en cas d'enquête.

La Commission Informatique et Libertés (CNIL) est une administration française chargée de veiller à ce que l'informatique ne porte pas atteinte à la vie privée.

TOUS FICHÉS !

PIERRE PREND LE MÉTRO, ET UTILISE UNE CARTE À PUCE POUR FRANCHIR LES PORTILLONS. AVEC ELLE, TOUS SES DÉPLACEMENTS SONT ENREGISTRÉS PAR L'ENTREPRISE DE TRANSPORTS.

PIERRE A RENDEZ-VOUS AVEC SON BANQUIER. CE DERNIER A ACCÈS À UN FICHIER RASSEMBLANT DE NOMBREUSES INFORMATIONS PERSONNELLES SUR TOUS SES CLIENTS.

IL SE REND ENSUITE À UN ENTRETIEN D'EMBAUCHE. SON FUTUR EMPLOYEUR SAIT DÉJÀ BEAUCOUP DE CHOSES SUR LUI, CAR IL A CONSULTÉ SA PAGE FACEBOOK ET LE BLOG QU'IL TIENT SUR INTERNET.

PIERRE SE PROMÈNE DANS LA RUE EN MANGEANT UN SANDWICH... SOUS L'ŒIL DES NOMBREUSES CAMÉRAS DE VIDÉOSURVEILLANCE INSTALLÉES EN VILLE.

PIERRE PARTICIPE À UNE MANIFESTATION, MAIS SE FAIT ARRÊTER PAR LA POLICE. ON LUI PRÉLÈVE ALORS SON ADN, QUI EST INTÉGRÉ DANS UN FICHIER NATIONAL.

LA BOÎTE AUX LETTRES DE PIERRE EST ENVAHIE DE COURRIERS ENVOYÉES PAR LES MAGASINS DES ENVIRONS. LA POSTE A EN EFFET ENREGISTRÉ SES COORDONNÉES, ET LES A REVENDUES À SES PARTENAIRES COMMERCIAUX.

PIERRE SE REND DANS UN SUPERMARCHÉ POUR FAIRE DES COURSES. COMME DE NOMBREUX CLIENTS, IL POSSÈDE UNE CARTE DE FIDÉLITÉ, GRÂCE À LAQUELLE LE MAGASIN GARDE EN MÉMOIRE L'ENSEMBLE DE SES ACHATS ET ÉTABLIT UN PROFIL DE CONSOMMATION TRÈS PRÉCIS.

PIERRE SURFE SUR INTERNET. LES SITES VISITÉS PLACENT SUR SON DISQUE DUR DES PETITS FICHIERS, LES COOKIES, QUI PERMETTENT UNE NAVIGATION PLUS AISÉE. MAIS ILS SERVENT AUSSI À LE PISTER DANS SES DÉPLACEMENTS SUR LA TOILE.

Textes Marianne Cramer
Illustrations Buster Bone (p. 4, 6, 8, 10, 12, 14, 16, 18, 20, 21, 22, 24, 26, 28, 30, 31)
Jazzi (p. 5, 7, 9, 11, 13, 15, 17, 19, 23, 25, 27, 29)
Couverture Shutterstock / Dudarev Mikhail

Direction éditoriale Céline Charvet
Responsable d'édition Jean-Christophe Fournier
Édition Mathilde Bonte-Joseph
Direction artistique Lieve Louvagie
Maquette Astrid Guillo
Relecture typographique Christiane Keukens
Fabrication Lucile Davesnes-Germaine
Photogravure Nord Compo

Loi n°49.956 du 16 juillet 1949
sur les publications destinées à la jeunesse.
© Nathan, France, 2011
ISBN : 978-2-09-252882-2
N° de projet : 10169299 – Dépôt légal : mars 2011
Imprimé en France par Pollina - L55850